Sirika Bekele Terfassa

Resultado económico da conservação do solo

Sirika Bekele Terfassa

Resultado económico da conservação do solo

Khat e produção agrícola

ScienciaScripts

Imprint

Any brand names and product names mentioned in this book are subject to trademark, brand or patent protection and are trademarks or registered trademarks of their respective holders. The use of brand names, product names, common names, trade names, product descriptions etc. even without a particular marking in this work is in no way to be construed to mean that such names may be regarded as unrestricted in respect of trademark and brand protection legislation and could thus be used by anyone.

Cover image: www.ingimage.com

This book is a translation from the original published under ISBN 978-620-2-19666-6.

Publisher:
Sciencia Scripts
is a trademark of
Dodo Books Indian Ocean Ltd. and OmniScriptum S.R.L publishing group

120 High Road, East Finchley, London, N2 9ED, United Kingdom
Str. Armeneasca 28/1, office 1, Chisinau MD-2012, Republic of Moldova, Europe
Printed at: see last page
ISBN: 978-620-8-02739-1

Índice

OS RESULTADOS ECONÓMICOS DO CULTIVO DO KHAT

Por: Sirika Bekele Terfassa

INTRODUÇÃO

Antecedentes do estudo

O khat, qat, gat ou Miraa Catha edulis, família Celastraceae, é uma planta com flor originária da África Oriental tropical e da Península Arábica. O khat contém o alcaloide chamado catinona, um estimulante semelhante à anfetamina que causa excitação, perda de apetite e euforia. Em 1980, a Organização Mundial de Saúde classificou o khat como uma droga de abuso que pode produzir dependência psicológica ligeira a moderada (menos do que o tabaco ou o álcool) [1] A planta tem sido alvo de organizações antidroga como a DEA. É uma substância controlada ou ilegal em muitos países, mas a sua venda e produção são legais em muitos outros (Ché, 2000).

O khat é um arbusto ou árvore de crescimento lento que atinge entre 1,5 e 20 metros de altura, dependendo da região e da pluviosidade, com folhas sempre verdes de 5-10 cm de comprimento e 1-4 cm de largura. As flores são produzidas em cimas axilares curtas com 4-8 cm de comprimento, cada flor pequena, com cinco pétalas brancas. O fruto é uma cápsula oblonga de três válvulas que contém 1-3 sementes. A Catha edulis parece ser originária da Etiópia. Desde cedo, espalhou-se pela Somália, Djibuti, Eritreia e Península Arábica. Também é cultivada no Quénia, Uganda, Tanzânia, Congo, Malawi, Zimbabué, Zâmbia e África do Sul. Sir Richard Burton sugeriu que o khat foi introduzido no Iémen a partir da Etiópia no século XV, embora provavelmente tenha ocorrido muito antes. Os antigos egípcios consideravam a planta do khat um "alimento divino", capaz de libertar a divindade da humanidade. Os egípcios utilizavam a planta para mais do que os seus efeitos estimulantes; utilizavam-na como um processo metamórfico e transcendiam para a "apoteose", com a intenção de tornar o utilizador divino.

A planta do khat é conhecida por vários nomes, como qat e gat no Iémen, qaat e jaad na Somália e chat na Etiópia. É também conhecida por jimma na língua Oromo e miraa na língua Meru. Há séculos que o khat é cultivado para ser utilizado como estimulante no Corno de África e na Península Arábica. Nestes países, a mastigação de khat é anterior à utilização do café e é utilizada num contexto social semelhante (Paul, 2003).

A descrição documentada mais antiga conhecida das tâmaras de khat encontra-se no Kitab al-Saidala fi al-Tibb, uma obra do século XI sobre farmácia e matéria médica escrita por Abu Rayhan al-Bīrūnī, um cientista e biólogo persa. Desconhecendo as suas origens, al-Bīrūnī escreveu que o khat é: "uma mercadoria do Turquestão. Tem um sabor amargo e é feito de forma fina, à maneira do batan-alu. Mas o khat é avermelhado com uma ligeira tonalidade negra. Acredita-se que o batan-alu é vermelho, refrescante, alivia a biliosidade e é um refrigerante para o estômago e o fígado. Em 1854, o escritor malaio Abdullah bin Abdul Kadir observou que o costume de mascar Khat era predominante em Al Hudaydah, no Iémen: "Observou uma nova particularidade nesta cidade - toda a gente mascava folhas como as cabras mastigam o cacau. Há um tipo de folha, bastante larga e com cerca de dois dedos de comprimento, que é muito vendida, porque as pessoas consumiam essas folhas tal como eram; ao contrário das folhas de bétel, que precisam de certos condimentos para as acompanhar, estas folhas eram simplesmente enfiadas na boca e mastigadas. Assim, quando as pessoas se juntavam, os restos destas folhas acumulavam-se à sua frente. Quando cuspiam, a saliva era verde. Perguntei-lhes então sobre este assunto: Que benefícios há em comer estas folhas? Ao que eles responderam: "Nenhum, é apenas mais uma despesa para nós, pois já nos habituámos a isso". Quem consome estas folhas tem de comer muito ghee e mel, pois de outra forma adoeceria. As folhas são conhecidas como Kad (Nutt, 2007).

Declaração do problema

O efeito estimulante da planta foi originalmente atribuído à "katin", a catina, uma substância do tipo fenetilamina isolada da planta. No entanto, a atribuição foi contestada por relatórios que mostravam que os extractos de folhas frescas da planta continham outra substância mais ativa do ponto de vista comportamental do que a catina. Em 1975, foi isolado o alcaloide relacionado, a catinona, e a sua configuração absoluta foi estabelecida em 1978. A catinona não é muito estável e decompõe-se para produzir catina e norefedrina. Estas substâncias químicas pertencem à família das PPA (fenilpropanolaminas), um subconjunto das fenetilaminas relacionadas com as anfetaminas e com as catecolaminas epinefrina e norepinefrina. De facto, a catinona e a catina têm uma estrutura molecular muito semelhante à da anfetamina. Comparação dos danos físicos e da dependência de várias drogas (revista médica britânica The Lancet O consumo de khat induz uma ligeira euforia e excitação. Os indivíduos tornam-se muito faladores sob a influência da droga. Os efeitos da administração oral de catinona ocorrem mais rapidamente do que os efeitos da anfetamina, cerca de 15 minutos em comparação com os 30 minutos da anfetamina. O khat pode induzir comportamentos maníacos e hiperatividade semelhantes aos efeitos produzidos pela anfetamina. O uso de khat provoca obstipação. As pupilas dilatadas (midríase) são proeminentes durante o consumo de khat, reflectindo os efeitos simpaticomiméticos da droga, que também se reflectem no aumento da frequência cardíaca e da pressão arterial (Adeoya, 2007).

Os sintomas de abstinência que podem seguir-se à utilização ocasional incluem depressão ligeira e irritabilidade. Os sintomas de abstinência que podem seguir-se ao uso prolongado de khat incluem letargia, depressão ligeira, pesadelos e tremores ligeiros. O khat é um anorético eficaz (provoca perda de apetite). O uso prolongado pode precipitar os seguintes efeitos: impacto negativo na função hepática, escurecimento permanente dos dentes (de um tom esverdeado), suscetibilidade a úlceras e diminuição do desejo sexual. Alguns investigadores afirmam também que o khat é "uma substância semelhante à anfetamina" e que as pessoas que o consomem têm maior probabilidade de desenvolver doenças mentais. Outros dizem que estas doenças mentais são o resultado dos problemas financeiros e da insónia que a droga provoca. Mas ainda não é claro se o consumo de khat afecta diretamente a saúde mental do consumidor ou não. Ocasionalmente, pode ocorrer uma psicose, que se assemelha a um estado hipomaníaco na apresentação. O consumo regular de khat compromete a capacidade de inibir comportamentos indesejáveis. Foi demonstrado que o uso frequente diminui as inibições, tal como os efeitos do álcool. Pode estar associado a uma condição semelhante à hepatite autoimune. Isto conduzirá às seguintes questões de investigação:

1. Qual é a situação da cultura do buxo em termos do tipo de buxo e da dimensão da terra coberta pela planta do buxo? 2. Qual é o resultado económico da cultura do chat em termos do preço do chat e do nível de produção?

3. Existe uma relação entre o nível de agricultura e o resultado económico do chat?

Objetivo do estudo

O objetivo geral do estudo consiste em analisar a relação entre o resultado económico do chat e o nível de exploração agrícola. Os objectivos específicos foram os seguintes

1.   Identificar a situação da cultura da tagarelice em termos do tipo de tagarelice e da dimensão da terra coberta pela tagarelice

2.   Avaliar os resultados económicos do chat em termos do preço do chat e do nível de produção.

3.   Analisar a relação entre o nível de exploração agrícola e o resultado económico do chat.

Hipótese do estudo

Não existe qualquer relação entre o nível de exploração agrícola e o resultado económico do chat.

Importância do estudo

O estudo contribuirá muito para a consciencialização dos agricultores sobre a forma como podem passar da agricultura de chat para outra produção, uma vez que o chat não é aconselhável para os membros da comunidade em termos da sua saúde e mata a sua motivação para a poupança. O estudo também servirá de referência para outros investigadores.

Limitações do estudo

O investigador irá deparar-se com diferentes problemas na finalização do estudo; desde os problemas esperados, à falta de financiamento, à fonte de informação que serve de referência ao investigador. Por conseguinte, o investigador pedirá o apoio da família para resolver o problema financeiro e utilizará diferentes referências da Internet e de livros para resolver a limitação dos materiais de referência.

Delimitação do estudo

O presente estudo foi delimitado pela análise da relação entre o nível de exploração agrícola e os resultados económicos da chat. O investigador selecionou este tópico para contribuir com o seu próprio contributo, de modo a que os produtores de chat tomem consciência de que o chat não está a ajudar os utilizadores, apesar de estar a desempenhar um papel importante nos seus rendimentos.

REVISÃO DA LITERATURA RELACIONADA

Chat Farming

As suas folhas e copas frescas são mastigadas ou, menos frequentemente, secas e consumidas como chá, para atingir um estado de euforia e estimulação; tem também efeitos secundários anorécticos. As folhas ou a parte mole do caule podem ser mastigadas com pastilha elástica ou amendoins fritos para facilitar a mastigação. Devido à disponibilidade de transportes aéreos rápidos e baratos, a planta foi registada em Inglaterra, no País de Gales, em Roma, em Amesterdão, no Canadá, na Austrália, na Nova Zelândia e nos Estados Unidos. A comunidade internacional tornou-se mais consciente desta planta através de relatos dos meios de comunicação social relativos à missão das Nações Unidas na Somália (onde o uso do khat é generalizado). Tradicionalmente, o uso do khat tem estado confinado às regiões onde é cultivado, porque só as folhas frescas têm os efeitos estimulantes desejados. Nos últimos anos, porém, a melhoria das estradas, dos veículos motorizados todo-o-terreno e do transporte aéreo aumentou a distribuição global deste produto perecível. Tradicionalmente, o khat tem sido utilizado como uma droga de socialização, o que continua a ser o caso no Iémen, onde a mastigação de khat é um hábito predominantemente masculino. Os iemenitas usam trajes tradicionais e mastigam a planta estimulante durante a tarde. A mastigação de khat também faz parte da cultura empresarial iemenita para promover a tomada de decisões, mas não se espera que os estrangeiros participem (Upenn, 2010).

Noutros países, o khat é consumido sobretudo por indivíduos solteiros e em festas. É principalmente uma droga recreativa nos países que cultivam o khat, embora também possa ser utilizada por agricultores e trabalhadores para reduzir a fadiga física ou a fome, e por condutores e estudantes para melhorar a atenção. Nos segmentos de contracultura da população de elite do Quénia, o khat (referido como veve) é utilizado para combater os efeitos da ressaca ou do consumo excessivo de álcool, à semelhança da utilização da folha de coca na América do Sul. No Iémen, algumas mulheres têm os seus próprios salões para a ocasião e participam na mastigação de khat com os seus maridos nos fins-de-semana. Em muitos locais onde é cultivado, o khat tornou-se suficientemente popular para que muitas crianças comecem a mascar a planta antes da puberdade (Godu, 1982).

O khat é tão popular no Iémen que o seu cultivo consome grande parte dos recursos agrícolas do país. Calcula-se que 40% do abastecimento de água do país seja destinado à irrigação, com um aumento da produção de cerca de 10% a 15% todos os anos. Calcula-se também que um "saco diário" de khat necessite de cerca de 500 litros de água para ser produzido. O consumo de água é tão elevado que os níveis de água subterrânea na bacia de Sanaa estão a diminuir; por este motivo, os funcionários do governo propuseram a deslocação de grande parte da população de Sana'a para a costa do Mar Vermelho. Uma das razões para o cultivo tão generalizado do khat no Iémen é o elevado rendimento que proporciona aos agricultores. Alguns estudos efectuados em 2001 estimaram que o rendimento do cultivo do khat era de cerca de 2,5 milhões de riais iemenitas por hectare, enquanto os frutos apenas rendiam 0,57 milhões de riais por hectare. Estima-se que, entre 1970 e 2000, a área de cultivo de khat tenha aumentado de 8.000 hectares para 103.000 hectares (Szendrei,. 2008).

Na Somália, o Conselho Supremo dos Tribunais Islâmicos, que assumiu o controlo de grande parte do país em 2006, proibiu o khat durante o Ramadão, dando origem a protestos de rua em Kismayo. Em novembro de 2006, o Quénia proibiu todos os voos para a Somália, invocando preocupações de segurança, o que provocou protestos dos produtores quenianos de khat. O membro queniano do Parlamento de Ntonyiri, distrito de Meru North, declarou que as terras locais se tinham especializado no cultivo de khat, que eram enviadas diariamente para a Somália 20 toneladas no valor de 800 000 dólares e que a proibição dos voos poderia devastar a economia local.[1 4] Com a vitória do Governo Provisório apoiado pelas forças etíopes no final de dezembro de 2006, o khat regressou às ruas de Mogadíscio, embora os comerciantes quenianos tenham notado que a procura ainda não tinha voltado aos níveis anteriores à proibição (Gurge , 1992).

Resultados económicos

São necessários cerca de sete a oito anos para que a planta Khat atinja a sua altura máxima. Para além do acesso ao sol e à água, o Khat requer pouca manutenção. A água subterrânea é frequentemente bombeada de poços profundos por motores a diesel para irrigar as culturas, ou trazida por camiões de água. As plantas são regadas abundantemente a partir de cerca de um mês antes de serem colhidas, para que as folhas e os caules fiquem macios e O efeito estimulante da planta foi originalmente atribuído à "katin", a catina, uma substância do tipo fenetilamina isolada da planta. No entanto, a atribuição foi contestada por relatórios que mostravam que os extractos de folhas frescas da planta continham outra substância mais ativa do ponto de vista comportamental do que a catina. Em 1975, foi isolado o alcaloide relacionado, a catinona, e a sua configuração absoluta foi estabelecida em 1978. A catinona não é muito estável e decompõe-se para produzir catina e norefedrina. Estas substâncias químicas pertencem à família das PPA (fenilpropanolaminas), um subconjunto das fenetilaminas relacionadas com as anfetaminas e as catecolaminas epinefrina e norepinefrina (Nutt, 2007).

De facto, a catinona e a catina têm uma estrutura molecular muito semelhante à da anfetamina.

Quando as folhas de khat secam, a substância química mais potente, a catinona, decompõe-se em 48 horas, deixando para trás a substância química mais suave, a catina. Assim, os colhedores transportam o khat embalando as folhas e os caules em sacos de plástico ou embrulhando-os em folhas de bananeira para preservar a sua humidade e manter a catinona potente. Também é comum borrifarem frequentemente a planta com água ou usarem refrigeração durante o transporte. Quando as folhas de khat são mastigadas, a catina e a catinona são libertadas e absorvidas através das membranas mucosas da boca e do revestimento do estômago. A ação da catina e da catinona na recaptação da epinefrina e da norepinefrina foi demonstrada em animais de laboratório, mostrando que um ou ambos os químicos fazem com que o corpo recicle estes neurotransmissores mais lentamente, resultando na vigília e insónia associadas ao uso do khat. Uma boa planta de khat pode ser colhida quatro vezes por ano, proporcionando uma fonte de rendimento anual para o agricultor (Ché, 2000).

Quando as folhas de khat secam, a substância química mais potente, a catinona, decompõe-se em 48 horas, deixando para trás a substância química mais suave, a catina. Assim, os colhedores transportam o khat embalando as folhas e os caules em sacos de plástico ou embrulhando-os em folhas de bananeira para preservar a sua humidade e manter a catinona potente. Também é comum borrifarem frequentemente a planta com água ou usarem refrigeração durante o transporte. Quando as folhas de khat são mastigadas, a catina e a catinona são libertadas e absorvidas através das membranas mucosas da boca e do revestimento do estômago. A ação da catina e da catinona na recaptação da epinefrina e da norepinefrina foi demonstrada em animais de laboratório, mostrando que um ou ambos os químicos fazem com que o corpo recicle estes neurotransmissores mais lentamente, resultando na vigília e insónia associadas ao consumo de khat (Adeoya, 2007).

Os receptores de serotonina apresentam uma elevada afinidade para a catinona, o que sugere que esta substância química é responsável pela sensação de euforia associada à mastigação do khat. Nos ratos, a catinona produz os mesmos tipos de comportamentos de ritmo nervoso ou de coçar repetitivo associados às anfetaminas. Os efeitos da catinona atingem o seu pico após 15 a 30 minutos, sendo quase 98% da substância metabolizada em norefedrina pelo fígado. A catina é um pouco menos compreendida, acreditando-se que actua sobre os receptores adrenérgicos, provocando a libertação de epinefrina e norepinefrina. Tem uma semi-vida de cerca de 3 horas nos seres humanos. Uma vez que os efeitos dos receptores são semelhantes aos da medicação para a cocaína, o tratamento da dependência ocasional é semelhante ao da cocaína. O medicamento bromocriptina pode reduzir os desejos e os sintomas de abstinência em 24 horas (Paul, 2003).

O efeito estimulante da planta foi originalmente atribuído à "katin", a catina, uma substância do tipo fenetilamina isolada da planta. No entanto, a atribuição foi contestada por relatórios que mostravam que os extractos de folhas frescas da planta continham outra substância mais ativa do ponto de vista comportamental do que a catina. Em 1975, foi isolado o alcaloide relacionado, a catinona, e a sua configuração absoluta foi estabelecida em 1978. A catinona não é muito estável e decompõe-se para produzir catina e norefedrina. Estes produtos químicos pertencem à família dos PPA (fenilpropanolaminas), um subconjunto das fenetilaminas relacionadas com as anfetaminas e as catecolaminas epinefrina e norepinefrina.[1 6] De facto, a catinona e a catina têm uma estrutura molecular muito semelhante à da anfetamina (Kiple, 2001).

Uma planta que tem sido utilizada como estimulante durante séculos na África Oriental e na Península Arábica pode estar a ganhar terreno entre os consumidores de droga nos Estados Unidos. O khat (pronuncia-se "Cot"), que é nativo da região em torno da Etiópia, Somália e Iémen, produz um efeito semelhante (mas normalmente menos intenso) ao da metanfetamina ou da cocaína. Muitos utilizadores de khat mastigam folhas frescas da planta, enquanto outros secam as folhas e depois fumam-nas, preparam-nas para um chá ou fazem uma pasta, que também é mastigada. Apesar de se pensar que a droga é anterior ao café, a maioria dos americanos nunca a consumiu nem ouviu falar dela - mas se uma série de detenções e apreensões de alto nível forem alguma indicação, o relativo anonimato do khat no hemisfério ocidental pode estar a mudar. De acordo com uma avaliação publicada no sítio Web da Organização Mundial de Saúde, o consumo de khat "induz um estado de euforia e euforia com sentimentos de maior alerta e excitação". Para além de tomarem o khat pelo efeito que produz, os utilizadores também ingerem a planta como forma de combater a fadiga e de evitar a fome (a droga também serve como inibidor de apetite).

Os dois principais compostos psicoactivos do khat são a catinona e a catina (Giannini, 1986).

A catinona, que se crê ter o maior efeito nos utilizadores de khat, está classificada como uma substância controlada da Lista I nos Estados Unidos, o que significa que, aos olhos da Agência de Combate às Drogas dos EUA, a substância tem um elevado potencial de abuso e nenhum valor médico aceite. O khat é classificado como uma droga da Lista IV, o que significa que tem um baixo potencial de abuso e é atualmente aceite para utilização em tratamentos médicos. O consumo prolongado de khat pode provocar desnutrição, depressão, distúrbios gastrointestinais, problemas cardiovasculares, hemorróidas e perturbações da função sexual nos homens (Szendrei,. 2008).

O khat cresce de forma selvagem nos países ribeirinhos do Mar Vermelho e ao longo da costa oriental de África.

A população destes países mastiga khat há séculos. Existem vários nomes para esta planta, consoante a sua origem: chat, qat, qaad, jaad, miraa, mairungi, cat e catha. Na maior parte da literatura ocidental, é designada por khat. O khat é um arbusto de folha perene, cultivado como um arbusto ou uma pequena árvore. As folhas têm um odor aromático. O sabor é adstringente e ligeiramente doce. A planta não tem sementes e é resistente, crescendo numa variedade de climas e solos. O khat pode ser cultivado em períodos de seca, onde outras culturas falharam, e também em altitudes elevadas. O khat é colhido durante todo o ano. A plantação é escalonada para obter um abastecimento contínuo. O khat é cultivado principalmente na Etiópia, Quénia, Iémen, Somália, Sudão, África do Sul e Madagáscar. Também foi encontrado no Afeganistão e no Turquestão. Anteriormente, as folhas de khat só estavam disponíveis perto do local onde eram cultivadas. Recentemente, a melhoria das estradas e dos transportes aéreos permitiu uma distribuição muito mais alargada. O khat é colhido nas primeiras horas da manhã e vendido nos mercados ao fim da manhã. É apresentado como um feixe de ramos, caules e folhas, embrulhado em folhas de bananeira para preservar a frescura (Kiple, 2001).

Resumo da revisão da literatura relacionada

Calcula-se que vários milhões de pessoas sejam utilizadores frequentes de khat. Muitos dos consumidores são originários de países entre a Etiópia, o Sudão, o Quénia e Madagáscar, bem como da parte sudoeste da Península Arábica, especialmente do Iémen. No Iémen, 80% dos homens e 45% das mulheres eram consumidores de khat que mascavam diariamente durante longos períodos da sua vida. Na Somália, 61% da população declarou que consome khat, 18% que o consome habitualmente e 21% que o consome ocasionalmente. A forma tradicional de mastigar khat no Iémen envolve apenas utilizadores do sexo masculino; a mastigação de khat por mulheres é menos formal e menos frequente. Os investigadores estimam que cerca de 70-80% dos iemenitas entre os 16 e os 50 anos de idade mascam khat, pelo menos ocasionalmente, e calcula-se que os iemenitas passem cerca de 14,6 milhões de horas-homem por dia a mascar khat. O investigador local Ali Al-Zubaidi calculou que o montante gasto com o khat aumentou de 14,6 mil milhões de rials em 1990 para 41,2 mil milhões de rials em 1995. Os investigadores calcularam também que as famílias gastam cerca de 17% do seu rendimento em khat.

METODOLOGIA

Quadro teórico

Os pobres das zonas urbanas são os mais afectados, mas nas zonas rurais as escassas terras aráveis e a água de irrigação são utilizadas para o khat, em vez de plantas nutritivas e da cultura de exportação, o café. No entanto, diz-se que os benefícios económicos da venda e exportação de khat são elevados. Kalix & Khan (1984) estimaram que cerca de um terço de todos os salários eram gastos em khat no Djibuti. Muitos homens asseguram a sua porção diária de khat à custa de necessidades vitais, o que indica dependência. A vida familiar é prejudicada devido à negligência, à dissipação do rendimento familiar e a comportamentos inadequados. O khat é citado como fator de um em cada dois divórcios no Djibuti. A obtenção de fundos para pagar o khat pode levar a comportamentos criminosos e mesmo à prostituição (Elmi, 1983). Esta situação é representada graficamente da seguinte forma:

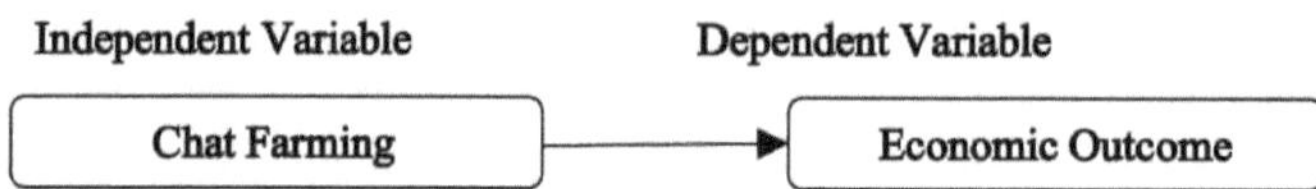

Figura A: Mostra a relação teórica das variáveis

Quadro concetual

As variáveis independentes, que representam a cultura do buxo, são definidas em termos do tipo de buxo e da dimensão da terra coberta pelo buxo. A variável dependente, também representada pela cultura do buxo, é definida em termos do preço do buxo e do nível de produção. Esta variável será medida da seguinte forma:

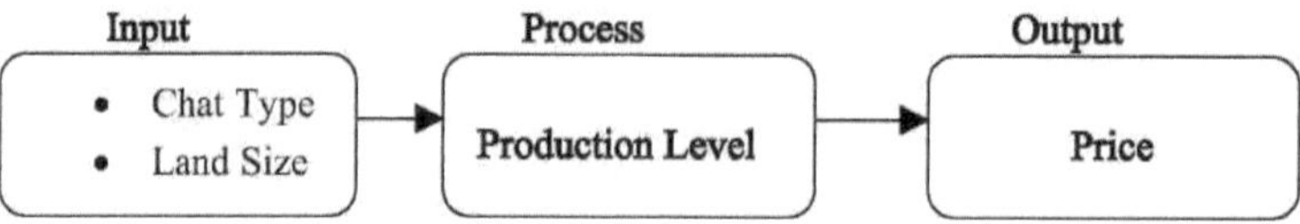

Figura B: Mostra a relação concetual das variáveis

Operacionalização

Chat Farming

A cultura de chat é representada pela variável dependente do estudo e será definida em termos do tipo de chat e da dimensão da terra coberta pela cultura de chat. Esta variável será medida da seguinte forma:

Tipo de chat

Este é definido como o tipo de conversa produzida pelos agricultores na área de estudo, como Sike, Wondo, Beleche, Galamso e Awaday. Foi medido da seguinte forma:

Escala	Tipo de chat	Descrição
1	Um tipo	Muito poucos tipos
2	Dois tipos	Poucos tipos
3	Três tipos	Tipo moderadamente abundante
4	Quatro tipos	Tipo de abundância
5	Cinco tipos	Tipo muito abundante

Tabela 1: Operacionalização do tipo de chat

Tamanho do terreno

Este valor é definido em termos da dimensão da terra coberta por plantas de tabaco entre os agricultores.

Esta foi definida da seguinte forma:

Escala	Tamanho do terreno	Descrição
1	Inferior a 0,25 ha	Terreno muito pequeno
2	.25-.5 ha	Baixa dimensão do terreno
3	.51-.75 ha	Tamanho moderado do terreno

| 4 | .76-1 ha | Grande dimensão do terreno |
| 5 | 1.1 e superior ha | Terreno muito grande |

Tabela 2: Operacionalização da dimensão do terreno

Resultados económicos

Esta é definida em termos de preço e de nível de produção do chat. Será operacionalizado da seguinte forma:

Preço

É definido em termos do preço de um determinado tipo de chat (Sike, Wondo, Beleche, Galamso, Awaday) por pacote. Esta medida foi efectuada da seguinte forma:

Escala	Preço do Chat	Descrição
1	Inferior a 20 birr	Preço muito baixo
2	20-40 birr	Preço baixo
3	40-60 birr	Preço moderado
4	60-80 birr	Caro
5	80 e mais	Muito caro

Quadro 3: Operacionalização do preço

Nível de produção

Este valor é definido em termos da quantidade de papo produzido pelos agricultores por ano, em molhos. Foi medido da seguinte forma:

Escala	Nível de produção	Descrição
1	Menos de 100 pacotes	Produção muito baixa
2	100-200 molhos	Baixa produção
3	201-300 feixes	Produção moderada

| 4 | 301-400 feixes | Produção elevada |
| 5 | Pacotes 401 e superiores | Produção muito elevada |

Tabela 4: Operacionalização da produção

Local do estudo

Arsi Negelle situa-se na zona de Arsi Ocidental. A população da cidade está estimada em mais de 60 000 habitantes. A cidade de Arsi Negelle está situada a 236 km da capital da Etiópia, Adis Abeba. Desde há pouco tempo, o desenvolvimento da cidade está a aumentar dramaticamente com a sua população. A cidade é composta por diferentes grupos étnicos que nela habitam, sendo maioritariamente ocupada pelo grupo étnico Oromo e o Amhara é o segundo maior grupo étnico entre os habitantes da cidade. A cidade está dividida em três kebeles e 01 kebele é uma delas. O kebele tem uma estimativa aproximada de 450 agregados familiares com uma população de 2 475 pessoas, das quais 1163 são mulheres e as restantes 1312 são homens.

Conceção da investigação

A investigação seguiu um modelo estatístico correlacional. Envolveu a abordagem quantitativa e os dados quantitativos primários serão recolhidos e analisados, enquanto alguns dados qualitativos serão também recolhidos.

Recolha de dados

Instrumentação

Para este estudo, foram recolhidos dados primários e secundários. A fonte de dados primários incluirá os inquiridos, enquanto os dados secundários são as diferentes literaturas sobre o tema do estudo. Os dados primários foram recolhidos através da utilização de um questionário de inquérito fechado. Os dados qualitativos foram recolhidos através de entrevistas e da observação do investigador no terreno.

Método de amostragem

A população da área de estudo foi estimada em 590 agregados familiares. Destes agregados familiares. 10% serão selecionados, o que corresponde a 59 inquiridos. Esta amostragem foi selecionada utilizando um método de amostragem aleatório simples, de modo a que todas as pessoas da população-alvo possam ter a mesma oportunidade de serem incluídas.

Método de análise dos dados

1.   Os objectivos um e dois foram analisados utilizando estatísticas descritivas, tais como percentagens, média e desvio-padrão.

2.   O terceiro objetivo foi analisado através da estatística correlacional. A fim de conhecer a relação entre as variáveis.

Considerações sociais e éticas

Desde a visita à área de estudo até à conclusão do mesmo, o investigador manteve uma boa relação com os membros da comunidade no estudo, o que foi feito, em primeiro lugar, respeitando cada indivíduo que apoiou o investigador dando informações e actuando localmente. O investigador não fez nada que violasse a sua cultura e normas.

RESULTADOS E CONCLUSÕES

As principais variáveis que serão analisadas nesta parte são a Chat farming e o resultado económico:

Chat Farming

A criação de chacais é representada pelas variáveis independentes do estudo e será analisada em termos do tipo de chacais e da dimensão da terra, como se segue:

Tipo de chat

O tipo de conversa é apresentado no quadro 5. Com base nos dados apresentados, 17 (28,81%) dos inquiridos responderam que cultivam poucos tipos de conversação, seguidos de 15 (25,42%) dos inquiridos que responderam que cultivam muito poucos tipos de conversação. 13 (22,03%) dos inquiridos responderam que estão a cultivar um tipo de conversa moderadamente abundante. 8 (13,56%) dos inquiridos responderam que estão a produzir muito tipo de chat. Apenas 6 (10,18%) dos inquiridos responderam que estão a produzir um tipo de papo muito abundante.

Isto revela que a percentagem mais elevada de inquiridos produzia muito poucos tipos de chat. Isto significa que os agricultores da zona de estudo não conhecem os diferentes tipos de produção de chat.

Isto mostra que a área não é conhecida pela produção de diferentes tipos de plantas de chat. Isto também mostrou que a quantidade de rendimento que os agricultores ganham com a produção de chat é muito baixa devido ao facto de não plantarem mais tipos de chat.

Escala	Tipo de chat	Resp.	%	Descrição
1	Um tipo	15	25.42	Muito poucos tipos
2	Dois tipos	17	28.81	Poucos tipos
3	Três tipos	13	22.03	Tipo moderadamente abundante
4	Quatro tipos	8	13.56	Tipo de abundância
5	Cinco tipos	6	10.18	Tipo muito abundante
Total		59	100	

Tabela 5: Tipo de chat

Tamanho do terreno

O tamanho da terra coberta por chat plant é apresentado na tabela 6. Com base no resultado apresentado, 20 (33,90%) dos inquiridos responderam que a dimensão da terra coberta pela planta da chat é baixa, seguidos de 12 (20,34%) dos inquiridos que responderam que a dimensão da terra é muito baixa. 10 (16,95%) dos inquiridos responderam que têm um terreno moderado utilizado para a chat. 9(15.25%) dos inquiridos responderam que têm uma grande área de terreno coberta por plantas de chat. 8 (13,56%) dos inquiridos responderam que têm uma área de terreno muito grande coberta por plantas de chat.

Isto significa que a maioria dos inquiridos não tem terra suficiente para expandir a cultura do chat nas suas terras. Isto significa que, devido à reduzida dimensão das suas terras, os agricultores podem não produzir muito chat.

Isto mostra que os agricultores não estão em condições de produzir mais plantas de chat, uma vez que têm uma área de terra muito pequena. Isto também mostrou que a área de estudo não é caracterizada pela produção de diferentes tipos de plantas de chat.

Escala	Tamanho do terreno	Resp.	%	Descrição
1	Inferior a 0,25 ha	12	20.34	Terreno muito pequeno
2	.25-.5 ha	20	33.90	Baixa dimensão do

				terreno
3	.51-.75 ha	10	16.95	Tamanho moderado do terreno
4	.76-1 ha	9	15.25	Grande dimensão do terreno
5	1.1 e superior ha	8	13.56	Terreno muito grande
Total		59	100	

Quadro 6: Dimensão do terreno

Resultados económicos

O resultado económico é representado pelo conceito de variável dependente e é definido em termos de preço e nível de produção.

Preço

O preço é apresentado na tabela 7. Com base no resultado apresentado, 26 (44,07%) dos inquiridos responderam que o chat é vendido no mercado a baixo preço; seguidos de 20 (33,90%) dos inquiridos que responderam que é vendido a baixo preço, entre 20 e 40 birr. 7 (11,87%) dos inquiridos responderam que o preço do chat é caro. 5 (8,47%) dos inquiridos responderam que o preço do chat é caro. Apenas 1 (1,69%) dos inquiridos respondeu que o preço da conversação é muito caro.

Isto significa que a maioria dos inquiridos respondeu que o preço do chat é moderado. Isto significa que os consumidores de chat não se queixam do preço do chat.

Isto mostra que os agricultores não estão a ganhar muito dinheiro com a agricultura de chat porque estão a vender ao preço mínimo. Este facto também desencoraja os agricultores a reservarem-se para produzir mais.

Escala	Preço do Chat	Resp.	%	Descrição
1	Inferior a 20 birr	5	8.47	Preço muito baixo
2	20-40 birr	26	44.07	Preço baixo

3	40-60 birr	20	33.90	Preço moderado
4	60-80 birr	7	11.87	Caro
5	80 e mais	1	1.69	Muito caro
Total		59	100	

Quadro 7: Preço

Nível de produção

O nível de produção é apresentado no quadro 8. Com base nos resultados apresentados, 29 (49,16%) dos inquiridos responderam que a sua produção é baixa, seguidos de 15 (25,42%) dos inquiridos que têm uma produção muito baixa. 10 (16,95%) dos inquiridos responderam que estão a produzir uma produção moderada. 3(5,08%) dos inquiridos responderam que estão a produzir uma produção elevada. Apenas 2(3,39%) dos inquiridos responderam que estão a produzir uma produção muito elevada.

Isto revela que a maior parte dos agricultores não está a produzir mais chat. Isto significa que a participação dos agricultores na produção de chat e a quantidade de dinheiro que ganham com isso também é muito baixa.

Isto mostrou que a maior percentagem de inquiridos concordou que os agricultores não estão a produzir mais chat devido ao tamanho da terra que estão a utilizar para a produção de chat. Isto também mostrou que os agricultores não estão a implementar diferentes mecanismos que os levem a produzir mais chat.

Escala	Nível de produção	Resp.	%	Descrição
1	Menos de 100 pacotes	15	25.42	Produção muito baixa
2	100-200 molhos	29	49.16	Baixa produção
3	201-300 feixes	10	16.95	Produção moderada
4	301-400 feixes	3	5.08	Produção elevada
5	Pacotes 401 e superiores	2	3.39	Produção muito elevada

Total	59	100

Quadro 8: Produção

Relação entre variáveis independentes e dependentes

A relação entre a chat farming e o resultado económico é a parte principal e básica do estudo. O quadro seguinte apresenta a correlação de Pearson das variáveis:

	Variáveis dependentes
Variável independente	**Preço do chat**
Tipo de chat	.711**
Tamanho do terreno	.750**
Nível de produção	.755**

**. A correlação é significativa ao nível de 0,01 (bicaudal)

A estatística que foi utilizada para correlacionar os dados é a de Pearson. O número positivo (.711**, .750** e .755**) mostra que existe uma relação direta entre as variáveis independentes e dependentes (chat farming e resultados económicos).

O número positivo entre o tipo de chat e as variáveis dependentes mostra que o preço do chat aumenta à medida que o chat é variado; isto significa que um pacote de chat custa 10 birr para o Sike e 60birr para o balache, pelo que, à medida que o tipo melhora, o preço também aumenta.

Quando o tipo de conversação aumenta, os agricultores aumentam o seu nível de produção; isto significa que, à medida que os agricultores se esforçam por adotar diferentes tipos de conversação para obterem mais rendimentos, o seu nível de produção aumenta.

O número positivo entre a dimensão da terra e o nível de produção mostrou que, à medida que a dimensão da terra coberta pela planta de chat aumenta, o preço do chat aumenta, uma vez que a prioridade para plantar o tipo de chat mais caro é o aluguer e, quando a dimensão da terra aumenta, a sua produção também aumenta.

Avaliação da hipótese

Com base na análise da relação feita no objetivo três, indica-se que as variáveis independentes e dependentes têm uma relação direta. Por conseguinte, rejeita-se a hipótese de que não existe relação entre a chat farming e os resultados económicos. Porque existe uma relação direta entre a chat farming e os resultados económicos.

RESUMO, CONCLUSÃO E RECOMENDAÇÕES
Resumo do estudo

Em resumo, o tipo de conversação é apresentado na tabela 5. Com base nos dados apresentados, 17 (28,81%) dos inquiridos responderam que estão a produzir poucos tipos de conversação. Apenas 6 (10,18%) dos inquiridos responderam que estão a produzir um tipo de chat muito abundante. Isto significa que os agricultores da zona de estudo não conhecem os diferentes tipos de produção de chat.

A dimensão do terreno coberto por chat plant é apresentada no quadro 6. Com base no resultado apresentado, 20 (33,90%) dos inquiridos responderam que têm pouca terra coberta por plantas de chat; 8 (13,56%) dos inquiridos responderam que têm uma terra muito grande coberta por plantas de chat. Isto significa que, devido ao facto de as suas terras serem pequenas, os agricultores podem não produzir muita erva-moura.

O preço é apresentado no quadro 7. Com base no resultado apresentado, 26 (44,07%) dos inquiridos responderam que a chat é vendida no mercado a baixo preço. Apenas 1 (1,69%) dos inquiridos respondeu que o preço do chat é muito caro. Isto significa que os mastigadores de chat não se queixam do preço do chat.

O nível de produção é apresentado no quadro 8. Com base nos resultados apresentados, 29 (49,16%) dos inquiridos responderam que a sua produção é baixa. Apenas 2 (3,39%) dos inquiridos responderam que a sua produção é muito elevada. Isto significa que a participação dos agricultores na produção de chat e a quantidade de dinheiro que ganham com isso também é muito baixa.

Conclusão do estudo

Os resultados relativos ao tipo de chat mostraram que a área não é conhecida pela produção de diferentes tipos de plantas de chat. Isto também mostrou que o montante do rendimento que os agricultores obtêm com a produção de chat é muito baixo devido ao facto de não plantarem mais tipos de chat. Isto significa que os agricultores da zona de estudo não conhecem a produção de diferentes tipos de chat.

O resultado da dimensão da terra mostrou que os agricultores não estão em condições de produzir mais chat, uma vez que têm uma dimensão de terra muito pequena. Isto também mostrou que a área de estudo não é caracterizada pela produção de diferentes tipos de plantas de chat. Isto significa que, devido à reduzida dimensão das suas terras, os agricultores podem não produzir muito chat.

O resultado do preço mostrou que os agricultores não estão a ganhar muito dinheiro com a chat farming porque estão a vender ao preço mínimo. Este facto também desencoraja os agricultores a reservarem-se para produzir mais. Isto significa que os mastigadores de chat não se queixam do preço do chat.

Os resultados da produção mostraram que a maior percentagem de inquiridos concordou que os agricultores não estão a produzir mais chat devido ao tamanho da terra que estão a utilizar para a produção de chat. Isto também mostrou que os agricultores não estão a implementar diferentes mecanismos que os levem a produzir mais chat. Isto significa que a participação dos agricultores na produção de erva-mate e a quantidade de dinheiro que ganham com ela também é muito baixa.

Recomendação do estudo

O resultado do tipo de chat plantado pelos agricultores mostra que é plantado um tipo muito pequeno de chat na zona; por conseguinte, para aumentar o seu rendimento a partir do chat, os agricultores devem plantar um tipo diferente de chat.

Os agentes de desenvolvimento devem apresentar diferentes tipos de árvore de conversação aos agricultores para que estes adoptem o novo tipo de conversação.

Os resultados mostraram que o tamanho da terra coberta pela planta de chat é muito pequeno. Por conseguinte, os agricultores devem utilizar eficazmente as terras de que dispõem para a plantação de chat, a fim de aumentar os seus rendimentos.

O tipo de chat que é bem conhecido na área de estudo é muito barato quando comparado com Balache, Galamso e Awaday. Por conseguinte, os agentes de desenvolvimento devem apresentar este tipo de chat aos agricultores.

O resultado da produção mostrou que a maioria dos agricultores não está a produzir muito. Por conseguinte, os agentes de desenvolvimento devem trabalhar em conjunto com os agricultores, começando pela forma como adicionam insumos agrícolas, como fertilizantes.

Literatura citada

Adeoya- Fraser (março de 2007). "Cathine, um composto relacionado à anfetamina, atua nos espermatozóides de mamíferos por meio de receptores beta1- e alfa2A-adrenérgicos de maneira dependente do estado de capacitação". Hum. Reprod. **22** (3): 756-65. doi:10.1093/humrep/del454. PMID 17158213.

Ahmed Qirbi (1993). "Efeitos bioquímicos de Catha edulis, cathine e cathinone nas funções adrenocorticais". J Ethnopharmacol **39** (3): 213-6. doi:10.1016/0378-8741(93)90039-8. PMID 7903110...

Ché- Raimy (2000). "A viagem de Munshi Abdullah a Meca: Uma introdução preliminar e uma tradução anotada". Indonésia e o Mundo Malaio **28** (81): 173-213.

doi:10.1080/713672763.

Giannini Burge (1986). "Khat: outra droga de abuso?". Journal of Psychoactive Drugs **18** (2): 155-8. PMID 3734955.

Godu Castellani (1982). "Uma psicose de tipo maníaco devido ao khat (Catha edulis Forsk.)". Jornal de Toxicologia. Toxicologia Clínica **19** (5): 455-9. doi:10.3109/15563658208992500. PMID 7175990.

Gurge , Turner (1992). "Tratamento da dependência do khat". J Subst Abuse Treat 9 (4): 37982. doi:10.1016/0740-5472(92)90034-L. PMID 1362228.

Kiple, Kenneth (2001). The Cambridge World History of Food. Cambridge University Press. pp. 672-3. ISBN 0-521-40216-6. OCLC 174647831.

Nutt, King (março de 2007). "Desenvolvimento de uma escala racional para avaliar o dano de drogas de uso indevido potencial". Lancet **369** (9566): 1047-53. doi:10.1016/S0140-6736(07)60464- 4. PMID 17382831.

Paul Kalix (2003). The Pharmacology of Khat and of the Khat Alkaloid Cathinone. Em M.Randrianame,

Szendrei,. Tongue (2008) The Health and Socioeconomic Aspects of Khat Use.1983, Lausanne, Suíça, Conselho Internacional sobre Drogas e Dependências, pp140-143

Estudos Upenn (2010). "Informações sobre o Khat". A1b2c3.com. Recuperado em 4 de abril de 2010.

APPENDIX I

QUESTIONÁRIOS

1. Indicar, por favor, assinalando o tipo de chat produzido pelos agricultores

Um tipo

Dois tipos

Três tipos

Quatro tipos

Cinco tipos

2. Queira indicar, assinalando, a dimensão do terreno coberto pela fábrica de chat

Inferior a 0,25 ha

.25-.5 ha

.51-.75 ha

.76-1 ha

2.1 e acima de ha

3. Por favor, assinale o preço do chat neste woreda

Inferior a 20 birr

20-40 birr

40-60 birr

60-80 birr

80 e mais

4. Por favor, assinale o nível de produção dos agricultores

Menos de 100 pacotes

100-200 molhos

201-300 feixes

301-400 feixes

Pacotes 401 e superiores

APÊNDICE II

Correlations

		CHAT TYPE	LAND SIZE	PRICE	PRODUCTION
CHAT TYPE	Pearson Correlation	1	.820**	.711**	.917**
	Sig. (2-tailed)		.000	.000	.000
	N	59	59	59	59
LAND SIZE	Pearson Correlation	.820**	1	.750**	.977**
	Sig. (2-tailed)	.000		.000	.000
	N	59	59	59	59
PRICE	Pearson Correlation	.711**	.750**	1	.755**
	Sig. (2-tailed)	.000	.000		.000
	N	59	59	59	59
PRODUCTION	Pearson Correlation	.917**	.977**	.755**	1
	Sig. (2-tailed)	.000	.000	.000	
	N	59	59	59	59

**. Correlation is significant at the 0.01 level (2-tailed).

Frequências

Statistics

		CHAT TYPE	LAND SIZE	PRICE	PRODUCTION
N	Valid	59	59	59	59
	Missing	0	0	0	0
Mean		11.8983	11.8644	11.9831	11.9661
Std. Error of Mean		.54257	.56669	1.24908	1.29016
Median		13.0000	10.0000	7.0000	10.0000
Mode		8.00[a]	9.00[a]	5.00[a]	3.00[a]
Std. Deviation		4.16759	4.35279	9.59434	9.90988
Percentiles	100	17.0000	20.0000	26.0000	29.0000

a. Multiple modes exist. The smallest value is shown

AVALIAÇÃO DA CONSERVAÇÃO DO SOLO NA PRODUÇÃO AGRÍCOLA

Por: Sirika Bekele Terfassa

INTRODUÇÃO

Antecedentes do estudo

O desenvolvimento agrícola faz-se naturalmente primeiro nas melhores terras. Quer se trate de uma exploração agrícola individual ou de um país inteiro, a tendência é para utilizar primeiro as melhores terras. Quando há necessidade de aumentar a produção agrícola, esta é geralmente direcionada para a maximização da produção nas áreas que têm o melhor potencial. Mas à medida que aumenta a procura dos produtos da terra - alimentos, combustível, abrigo e vestuário - é necessário utilizar cada vez mais terras menos adequadas para a agricultura, ou terras em climas menos favoráveis. Todos os que se ocupam do planeamento, do desenvolvimento ou da produção agrícola devem prestar mais atenção à conservação da água e do solo. A maioria das regiões semi-áridas sofre de erosão pluvial grave, frequentemente mais do que nas regiões tropicais húmidas, porque a chuva tem uma elevada capacidade erosiva que é mais prejudicial devido à reduzida proteção vegetativa contra a erosão nas terras mediterrânicas (Littleboy, 1989).

Existem sempre fortes ligações entre as medidas de conservação do solo e as medidas de conservação da água, o que se aplica igualmente às zonas semi-áridas. Muitas medidas são direcionadas principalmente para uma ou outra, mas a maioria contém um elemento de ambas. A redução do escoamento superficial através de estruturas ou de alterações na gestão do solo também ajudará a reduzir a erosão. Da mesma forma, a redução da erosão envolverá geralmente a prevenção da erosão por salpicos, ou a formação de crostas, ou a desagregação da estrutura, o que aumentará a infiltração, contribuindo assim para a conservação da água (Dan, 1981).

A diversidade de solos nas regiões semi-áridas é imensa, e dois exemplos servirão para indicar a gama de solos e problemas relacionados com o solo. Numa análise dos solos dos trópicos semi-áridos, Kampen e Burford (1980) mostram que os trópicos semi-áridos se situam principalmente nos países em desenvolvimento de África (70% do total) e do Sudeste Asiático (principalmente na Índia). As duas principais caraterísticas que afectam negativamente a agricultura são as baixas quantidades de precipitação e a falta de fiabilidade. As áreas de baixa precipitação anual podem ainda receber fortes tempestades individuais que causam inundações e erosão (Rose, 2006).

Enunciado dos problemas

Todos os problemas dos países em desenvolvimento estão presentes nas regiões semiáridas, mas geralmente intensificados pelos baixos níveis de produção, que levam a pouca ou nenhuma capacidade de investimento nas explorações agrícolas, ou ao fraco desenvolvimento das infra-estruturas por parte do governo. O quadro geral é bastante deprimente, com uma produção em declínio e uma degradação crescente, mas os exemplos mostram que existem técnicas para ultrapassar o problema. Anteriormente, a ênfase da investigação e do desenvolvimento agrícola era colocada na melhor utilização dos bons solos e dos bons climas e pouca atenção era dada aos ambientes marginais. Um resultado desta distribuição desigual de esforços é a falta de informação sobre as zonas semi-áridas menos favorecidas. Isso se manifesta em todas as disciplinas técnicas. Nas regiões semi-áridas, há menos levantamentos de solos para mostrar o que está disponível e menos investigação sobre as propriedades físicas e químicas dos solos para mostrar as suas capacidades e problemas (Kawashima, 2007).

A investigação sobre as culturas tem sido menor. A maior parte dos países com uma combinação de condições húmidas e áridas concentrou-se nas zonas húmidas, sensatamente porque é provável que isso dê o retorno mais rápido e mais rentável. A grande investigação internacional para as zonas secas é recente, com a criação do Instituto Internacional de Investigação das Culturas para os Trópicos Semi-Áridos (ICRISAT) em 1972 e do Centro Internacional de Investigação Agrícola nas Zonas Secas (ICARDA) em 1977. A seleção ou o melhoramento de cultivares para climas semi-áridos específicos é promissora, mas ainda há um longo caminho a percorrer (Hall et al. 1979). Existe também uma falta de informação sobre a vertente social e económica. Os sistemas agrícolas e a economia da produção agrícola têm sido menos estudados, em parte devido ao menor interesse, em parte devido às dificuldades físicas de grandes áreas e menos estradas. Além disso, os sistemas agrícolas são complexos devido à sua natureza: Isto suscitará as seguintes questões de investigação:

1.   Qual é a situação da conservação do solo e da água na associação de camponeses de Degaga em termos de gestão dos terraços?

2.   Qual é a situação da produção agrícola em termos de dimensão da terra e de quantidade de produção vegetal?

3.   Existe uma relação entre a conservação do solo e da água e a produção agrícola na associação de camponeses de Dagaga?

Objetivo do estudo

O objetivo geral do estudo é analisar a relação entre a conservação do solo e da água e a produção agrícola na associação de camponeses de Dagaga. Os objectivos específicos foram os seguintes

1.   Identificar a situação da conservação do solo e da água na associação de camponeses de Degaga em termos de gestão dos terraços.

2.   Avaliar a situação da produção agrícola em termos de dimensão da terra e quantidade de produção vegetal.

3.   Analisar a relação entre a conservação do solo e da água e a produção agrícola na associação de camponeses de Dagaga.

Hipótese do estudo

Existe uma relação entre a conservação do solo e da água e a produção agrícola na associação camponesa de Dagaga...

Importância do estudo

A conservação do solo e da água é uma das principais questões que qualquer pessoa deve conhecer claramente antes de se envolver nos campos agrícolas. Por conseguinte, este estudo desempenhará um papel importante ao explorar o significado e a ciência da conservação do solo e da água junto dos agricultores e de outras pessoas que queiram saber mais sobre os termos. Este estudo contribuirá muito para informar o gabinete agrícola de Arsi Negele Woreda sobre a situação da associação de camponeses de Degaga e das kebele vizinhas no que respeita à atividade de conservação do solo e da água. Isto ajudá-los-á a identificar os problemas graves com que a comunidade se depara e a resolvê-los atempadamente, se puderem ser resolvidos ao seu nível, ou a comunicar a questão ao organismo competente.

Limitações do estudo

As limitações do estudo estão principalmente relacionadas com os problemas que o investigador encontrou para realizar o seu trabalho. Em relação a isto, o investigador encontrou problemas como a falta de inquiridos conhecedores da área selecionada; os inquiridos podem não se atrever a falar do seu estatuto de participação; uma vez que pensam que foram acusados de não participarem na atividade de conservação. O investigador esperava este tipo de problemas antes de iniciar a recolha de dados. O investigador ultrapassou este problema obtendo informações dos agentes de desenvolvimento do kebele e do gabinete agrícola para identificar os agricultores que participam na atividade de conservação do solo e da água. No caso do receio dos inquiridos, o investigador explicou o objetivo do estudo, dizendo-lhes que era necessário para fins académicos e que a sua resposta seria confidencial.

Delimitação do estudo

O estudo foi delimitado pela análise da relação entre a conservação do solo e da água e a produção agrícola na associação de camponeses de Dagaga.

REVISÃO DA LITERATURA RELACIONADA
Conservação do solo e da água

A diversidade de solos nas regiões semi-áridas é imensa, e dois exemplos servirão para indicar a gama de solos e de problemas relacionados com os solos. Numa análise dos solos dos trópicos semi-áridos, mostra-se que os trópicos semi-áridos se encontram principalmente nos países em desenvolvimento de África (70% do total) e do Sudeste Asiático (principalmente na Índia). A América Latina e a Austrália contêm, cada uma, cerca de 10%. Estão representadas oito ordens de solos, dos quais os alfisols e os aridisols representam mais de metade do total. Os Alfisols são a maior ordem e cobrem cerca de 32% do SAT africano e cerca de 38% do SAT asiático. Os Vertisols cobrem 6% da área total, mas 25% da Índia semi-árida (Kawashima, 2007).

O desvio da água das cheias do seu canal envolve normalmente alguma forma de estrutura, uma barragem ou açude para desviar a água. As cheias também são susceptíveis de danificar o canal de transporte, a não ser que este esteja equipado com dispositivos de segurança para derramar a água recolhida em grandes cheias. Para evitar estes problemas, um método tem sido amplamente utilizado na Índia durante séculos, os canais de inundação, ou 'pynes'. Um canal é escavado na margem do rio de modo a que o nível do leito do canal seja consideravelmente mais elevado do que o nível do leito do rio. Durante os caudais baixos, o canal está seco, mas quando o nível da cheia sobe até ao nível do canal de desvio, começa a fluir. Não há necessidade de qualquer estrutura no córrego ou no canal do rio. Este sistema é amplamente utilizado na província de Sind, no Paquistão, para recolher água do rio Indo e dos seus afluentes durante o período das cheias, de abril ou maio a setembro. A inclinação dos canais de distribuição é ligeiramente mais plana do que a do leito do rio para aumentar o domínio da água das cheias desviada. Isto também significa que há uma forte deposição de sedimentos, particularmente no início do canal, e a limpeza regular é essencial. É também necessário algum controlo da água de inundação desviada, o que é normalmente feito por um regulador a vários quilómetros do rio. O controlo e a distribuição subsequentes da água são os mesmos que para qualquer esquema de irrigação de superfície, exceto que o fluxo é efémero e usado para inundações pesadas, pelo que é necessário um controlo menos preciso (Watkins, 2000).

Terraceamento do solo Gestão

Trata-se de um outro tipo de multiplicador de precipitação, que utiliza parte da superfície do terreno como bacia hidrográfica para proporcionar um escoamento adicional em terraços nivelados nos quais são cultivadas as culturas. O método é particularmente adequado para a agricultura mecanizada em grande escala, como é o caso das terras agrícolas de trigo/sorgo do sudoeste dos EUA, onde o método foi introduzido por Austin W. Zingg em 1955. Os resultados experimentais foram comunicados pela primeira vez em 1959 (Zingg e Hauser) e, após estudos pormenorizados na Bushlands Experiment Station, no Texas, e em Hayes, no Kansas, foi feita uma avaliação técnica e económica por Hauser e Cox. Isto levou a ensaios extensivos nos seis Estados ocidentais com baixa pluviosidade, que foram relatados em pormenor. Os CBTs foram comparados com a prática convencional de terraços nivelados (ou seja, nivelados ao longo do comprimento, mas a inclinação original é deixada entre os terraços), e também com todos os terraços de bancada (Carroll, 1997).

A rotação de culturas é a prática de cultivar uma série de tipos diferentes de culturas na mesma área, em épocas sequenciais, para obter vários benefícios, tais como evitar a acumulação de agentes patogénicos e pragas que ocorre frequentemente quando uma espécie é cultivada continuamente. Um elemento tradicional da rotação de culturas é a reposição de azoto através da utilização de adubo verde em sequência com cereais e outras culturas. Trata-se de uma componente da policultura. A rotação de culturas pode também melhorar a estrutura e a fertilidade do solo através da alternância de plantas de raízes profundas e de raízes pouco profundas (Huang , 2003).

A rotação de culturas é um tipo de controlo cultural que também é utilizado para controlar pragas e doenças que se podem estabelecer no solo ao longo do tempo. A mudança de culturas numa sequência tende a diminuir o nível populacional de pragas. As plantas da mesma família taxonómica tendem a ter pragas e agentes patogénicos semelhantes. Ao mudar regularmente o local de plantação, os ciclos de pragas podem ser quebrados ou limitados. Por exemplo, o nemátodo das galhas é um problema grave para algumas plantas em climas quentes e solos arenosos, onde se acumula lentamente até atingir níveis elevados no solo e pode prejudicar gravemente a produtividade das plantas, cortando a circulação das raízes. O cultivo de uma cultura que não seja hospedeira do nemátodo das galhas durante uma estação reduz muito o nível do nemátodo no solo, tornando assim possível o cultivo de uma cultura suscetível na estação seguinte, sem necessidade de fumigação do solo. É também difícil controlar as infestantes semelhantes à cultura que podem contaminar o produto final. Por exemplo, é difícil separar a cravagem presente nas ervas daninhas dos cereais colhidos. Uma cultura diferente permite eliminar as ervas daninhas, quebrando o ciclo da cravagem. Um efeito geral da rotação de culturas é que existe uma mistura geográfica de culturas, o que pode retardar a propagação de pragas e doenças durante a estação de crescimento. As diferentes culturas podem também reduzir os efeitos das condições climatéricas adversas para o agricultor individual e, ao exigir a plantação e a colheita em alturas diferentes, permitem cultivar mais terra com a mesma quantidade de maquinaria e mão de obra. A escolha e a sequência das culturas de rotação dependem da natureza do solo, do clima e da precipitação que, em conjunto, determinam o tipo de plantas que podem ser cultivadas. Outros aspectos importantes da agricultura, como a comercialização das culturas e as variáveis económicas, também devem ser considerados ao decidir as rotações de culturas (Vanlauwe, 2000).

Conservação da água

Outro exemplo de uma ligação estreita entre a gestão do pastoreio e o abastecimento de água, semelhante ao exemplo do Botsuana na secção anterior, vem da região de Butana no Sudão, com uma precipitação média anual de 200 mm. Os actuais pastores nómadas continuam uma prática que se pensa ter começado há mais de 2000 anos. São cavados poços para armazenar água durante as tempestades de verão. Mas quando começam as chuvas, os rebanhos são deslocados do rio Atbara para as pastagens do Butana, regressando mais tarde para utilizar a água armazenada e o pasto próximo. Tal como a lavoura de conservação, este título abrange muitas técnicas agrícolas diferentes. Inclui qualquer prática agrícola que melhore o rendimento, ou a fiabilidade, ou diminua as entradas de mão de obra ou fertilizantes, ou qualquer outra coisa que conduza a uma melhor gestão da terra, que definimos como a base de uma boa conservação do solo (Powell, 1993).

Por vezes, existe uma longa história de práticas agrícolas tradicionais e de conservação do solo que foram testadas e desenvolvidas durante períodos de tempo suficientemente longos para incluir todas as variações prováveis do clima. Estas práticas tradicionais devem dar o melhor resultado a longo prazo, tendo em conta que a interpretação do agricultor de "melhor" pode basear-se na fiabilidade e não no rendimento máximo. Mas as zonas semi-áridas estão a mudar rapidamente e os padrões tradicionais podem já não ser relevantes. Como diz Jones (1985), "embora a tradição possa incorporar a sabedoria de séculos de experiência prática, também pode ser inadequada quando as pressões demográficas recentes já obrigaram a mudanças - por exemplo, o abandono do pousio do mato ou a migração para diferentes tipos de solo ou para áreas mais áridas. Há também a questão de que o cientista agrícola muitas vezes ainda não tem a receita para um certo sucesso; e não se pode exigir que os agricultores adoptem novas práticas que só têm 50% de sucesso". As novas técnicas possíveis devem ter as mesmas caraterísticas de base que as práticas tradicionais: devem ser fáceis de compreender, simples de aplicar, requerer pouca mão de obra ou dinheiro e apresentar uma elevada taxa de sucesso, ou seja, uma elevada taxa de rentabilidade (Watkins, 2000).

Gestão de terraços de água

A gestão da água é geralmente a chave para aumentar a produtividade das pastagens semi-áridas. Existem muitos outros aspectos de uma boa gestão, como a utilização de uma taxa de lotação adequada, o pastoreio rotativo com períodos de repouso, a utilização controlada do fogo e a melhoria da composição da erva, mas a gestão da água é geralmente a mais importante. Em ensaios de campo no Colorado ocidental, o controlo do pastoreio reduziu, por si só, o escoamento em 30% e a produção de sedimentos em 35%. A mudança da vegetação de arbustos lenhosos para erva no Arizona diminuiu a quantidade de escoamento e aumentou a capacidade de carga, e os autores comentam que "considerando a grande quantidade de áreas semi-áridas do mundo, das quais a área de pré-tratamento era típica, essa conversão de terras pode ter um impacto tremendo na produção agrícola e económica". Numa experiência de campo fatorial no Nebraska, com uma precipitação média anual de 500 mm, o escoamento poupado pelo sulcamento em contorno foi de até 30% da precipitação (Loch, 1994).

Outra variante da utilização de reservas de água para gerir o pastoreio vem do Arizona, com uma precipitação média anual de 150 mm. Uma área de 1500 ha tinha três fontes de água permanentes e duas fontes sazonais. Em vez de controlar o pastoreio a um custo elevado através de vedações, este foi gerido vedando cada fonte de água e abrindo-as uma de cada vez. O gado era encorajado a utilizar a fonte aberta, colocando aí blocos de sal. Durante a primeira época, o gado teve de ser afastado das águas fechadas mas, no espaço de um ano, aprendeu a deslocar-se para onde quer que a água estivesse aberta (Huang , 2003).

Produção agrícola

A maioria dos produtores agrícolas são agricultores de subsistência com pequenas explorações, muitas vezes divididas em várias parcelas. A maioria destes agricultores vivia nas <u>terras altas da Etiópia</u>, principalmente a altitudes de 1.500 a 3.000 metros. Existem dois tipos de solo predominantes nas terras altas. O primeiro, que se encontra em zonas com uma drenagem relativamente boa, consiste em solos argilosos castanho-avermelhados que retêm a humidade e estão bem dotados dos minerais necessários, com exceção do fósforo. Estes tipos de solos encontram-se em grande parte da <u>Região das Nações, Nacionalidades e Povos do Sul</u>

(SNNPR). O segundo tipo é constituído por solos acastanhados a cinzentos e pretos com um elevado teor de argila. Estes solos encontram-se tanto no norte como no sul das terras altas, em zonas com drenagem deficiente. São pegajosos quando húmidos, duros quando secos e difíceis de trabalhar. Mas com drenagem e condicionamento adequados, estes solos têm um excelente potencial agrícola. De acordo com a <u>Agência Central de Estatística</u> (CSA), em 2008, o agricultor etíope médio detinha 1,2 hectares de terra, com 55,13% deles a deterem menos de 1,0 hectare.

A população das terras baixas periféricas (abaixo dos 1.500 metros) é nómada e dedica-se principalmente à criação de gado. Os solos arenosos do deserto cobrem grande parte das terras baixas áridas do nordeste e de <u>Ogaden</u>, no sudeste da Etiópia. Devido à baixa pluviosidade, estes solos têm um potencial agrícola limitado, exceto em algumas zonas onde a pluviosidade é suficiente para o crescimento de forragens naturais em determinadas épocas do ano. Estas zonas são utilizadas por pastores que se deslocam para trás e para a frente na zona em função da disponibilidade de pasto para os seus animais. As planícies e os contrafortes baixos a oeste das terras altas têm solos arenosos e argilosos cinzentos a negros. Onde a topografia o permite, são adequados para a agricultura. Os solos do <u>Grande Vale do Rift</u> são frequentemente propícios à agricultura se houver água disponível para irrigação. A bacia <u>do rio Awash</u> suporta muitas explorações agrícolas comerciais em grande escala e várias pequenas explorações agrícolas irrigadas. A erosão dos solos tem sido um dos principais problemas do país. Ao longo dos séculos, a desflorestação, o sobrepastoreio e práticas como o cultivo de encostas não adequadas à agricultura provocaram a erosão do solo, uma situação que se agravou consideravelmente durante as décadas de 1970 e 1980, especialmente na Eritreia, em Tigray e em partes de Gondar e Wollo. Além disso, a topografia acidentada das terras altas, as chuvas breves mas extremamente fortes que caracterizam muitas zonas e as práticas agrícolas seculares que não incluem medidas de conservação aceleraram a erosão dos solos em grande parte das zonas altas da Etiópia. Nas terras baixas secas, os ventos persistentes também contribuem para a erosão dos solos. (Saharan, 2009).

A agricultura na Etiópia é a base da economia do país, sendo responsável por metade do <u>produto interno bruto</u> (PIB), 83,9% das <u>exportações</u> e 80% do emprego total. A agricultura da <u>Etiópia</u> é afetada por <u>secas</u> periódicas, pela <u>degradação dos solos</u> causada pelo <u>sobrepastoreio</u>, pela <u>desflorestação</u>, por uma elevada densidade *populacionalctton[neede]*], por elevados níveis de tributação e por infra-estruturas deficientes (que dificultam e encarecem o escoamento das mercadorias). No entanto, a agricultura é o recurso mais prometedor do país. Existe um potencial de autossuficiência em cereais e de desenvolvimento das exportações de gado, cereais, legumes e frutas. Cerca de 4,6 milhões de pessoas necessitam de assistência alimentar anualmente.

A agricultura representa 46,3% do PIB, 83,9% das exportações e 80% da população ativa. Muitas outras actividades económicas dependem da agricultura, incluindo a comercialização, a transformação e a exportação de produtos agrícolas. A produção é, na sua esmagadora maioria, de subsistência e uma grande parte das exportações de produtos de base é assegurada pelo sector das pequenas culturas agrícolas de rendimento. As principais culturas incluem o café, leguminosas *(por exemplo,* feijão), oleaginosas, cereais, batatas, cana-de-açúcar e legumes. As exportações são quase exclusivamente de produtos agrícolas de base e o café é o maior produtor de divisas. A Etiópia é o segundo maior produtor de milho de África. A população pecuária da Etiópia é considerada a maior de África e, em 2006/2007, o gado representou 10,6% das receitas de exportação da Etiópia, com o couro e os produtos de couro a representarem 7,5% e os animais vivos 3,1%. (Loch, 1994).

Resumo da revisão da literatura relacionada

Existe um risco de erosão do solo durante as tempestades de verão de alta intensidade, mas os TCC foram tão eficazes no controlo da erosão como as outras duas práticas, e mais eficazes na redução do escoamento global. Os dados destes ensaios forneceram diretrizes gerais sobre o método, mas devem ser evitadas concepções normalizadas devido à grande variação das condições do solo, da precipitação e do sistema agrícola. A melhor forma de aplicar o sistema numa situação particular deve ser sempre investigada localmente.

METODOLOGIA

Quadro teórico

Para cada célula da grelha, a precipitação e a interceção pelas plantas são calculadas, após o que a infiltração e o armazenamento superficial são subtraídos para obter o escoamento líquido. Subsequentemente, a erosão e a deposição do escoamento superficial são calculadas utilizando o princípio da potência do fluxo e a água e os sedimentos são encaminhados para o escoamento com um procedimento de onda cinemática. Podem ser definidos casos especiais para estradas e áreas compactadas, e os canais (feitos pelo homem) podem ser tomados em consideração (Loch, 1994). A representação gráfica é a seguinte:

Figura 1: Quadro teórico das variáveis

Quadro concetual

Nesta parte, a variável independente, representada pela situação de conservação do solo e da água, será definida em termos de gestão de terraços. A variável dependente, também representada pela produção agrícola, será definida em termos de dimensão da terra e quantidade de produção. Esta variável será representada graficamente da seguinte forma:

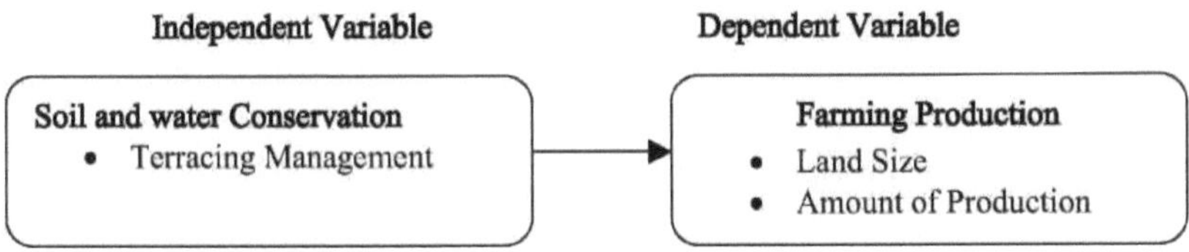

Figura 1: Quadro teórico das variáveis

Operacionalização

Conservação do solo e da água

Neste estudo, a situação de conservação do solo e da água é definida em termos de gestão de terraços e de rotação de culturas. Esta situação foi operacionalizada da seguinte forma:

Gestão de terraços

Neste estudo, a gestão dos terraços é definida em termos da atividade realizada pela comunidade para gerir o solo:

Escala	Gestão de terraços de solo	Descrição
1	Com menos de 5 linhas por ha	Muito gestão
2	Linha 5-10	Pequena gestão
3	Linha 11-15	Gestão moderada
4	Linha 16-20	Alta gestão
5	Linha 21 e superior	Gestão muito elevada

Tabela 1: Operacionalização do terraceamento do solo

Produção agrícola

Neste estudo, a produção agrícola é representada pelas variáveis dependentes e foi operacionalizada em termos de dimensão da terra e quantidade de produção. Esta foi medida da seguinte forma:

Tamanho do terreno

É definida como a dimensão total da terra utilizada para a produção agrícola por ano na área de estudo por agregado familiar. Foi medido da seguinte forma:

Escala	Tamanho do terreno	Descrição
1	Inferior a 0,5 ha	Tamanho muito pequeno
2	.5-.75 ha	Tamanho pequeno
3	.76-1 ha	Tamanho moderado
4	1,1-1,25ha	Tamanho grande
5	1,26 e mais ha	Tamanho muito grande

Tabela 2: Operacionalização da dimensão do terreno

Montante da produção

Esta é definida como a produção de um hectare em quintais. Foi medida da seguinte forma:

Escala	Montante da produção	Descrição
1	Inferior a 30 quintais por hectare	Produção muito baixa
2	30-45 quintais por hectare	Baixa produção
3	46-60 quintal por hectare	Produção moderada
4	61-75 quintais por hectare	Produção elevada
5	76 e mais quintal por hectare	Produção muito elevada

Tabela 3: Operacionalização do montante da produção

Local do estudo

O kebele da Associação de Camponeses de Dagaga situa-se na zona ocidental de Arsi Negelle woreda. Situa-se a 40 km da cidade de Arsi Negelle, a leste, e a 264 km de Adis Abeba. A kebele é composta por diferentes grupos étnicos que nela habitam, sendo maioritariamente ocupada pelo grupo étnico Oromo e o Amahara é o segundo grupo étnico mais importante entre os habitantes da kebele. A kebele tem cerca de 8000 habitantes, dos quais 3500 são mulheres e 4500 são homens. Estes estão agrupados em 830 agregados familiares. O investigador selecionou 10% dos agregados familiares como inquiridos deste estudo. O kebele é o melhor para várias produções como o trigo, o milho, o teff e o bambu nas grandes terras agrícolas.

Conceção da investigação

Esta investigação de inquérito utiliza um desenho correlacional. Por conseguinte, a investigação emprega procedimentos apropriados dos métodos de investigação correspondentes na conceção do estudo.

Método de recolha de dados

Instrumentação

Sistema de recolha de dados Para a realização deste estudo, o investigador utilizou como referência fontes de dados primárias e secundárias. Quanto à fonte primária, foi elaborado um questionário para obter mais informações do inquirido.

Processo de amostragem

O estudo utilizou uma amostra de inquérito de oitenta e três inquiridos selecionados através de um método de amostragem aleatório simples, de modo a que todas as pessoas da população-alvo tivessem a mesma oportunidade de serem incluídas. A dimensão da amostragem deste estudo foi de 83 inquiridos de um total de 830 agregados familiares.

Método de análise dos dados

3. Os objectivos um e dois foram analisados utilizando estatísticas descritivas, tais como percentagens, média e desvio-padrão.

4. O terceiro objetivo é analisado através de estatísticas de correlação.

Considerações sociais e éticas

Desde a visita à área de estudo até à conclusão do mesmo, o investigador manteve uma boa relação com os membros da comunidade no estudo, o que foi feito, em primeiro lugar, respeitando cada indivíduo que apoiou o investigador dando informações e actuando localmente. O investigador não fez nada que violasse a sua cultura e normas.

RESULTADO E CONCLUSÕES

Os dados recolhidos de 83 inquiridos serão analisados nesta parte, seguindo cada uma das variáveis:

Conservação do solo e da água

Neste estudo, a conservação do solo é analisada em termos de gestão de terraços. Esta análise será efectuada nas partes seguintes:

Gestão de terraços

A gestão dos socalcos é apresentada na tabela 4. Com base nos resultados apresentados, 26 (31,33%) dos inquiridos responderam que se encontram na situação de gestão de terraços pequenos; seguidos de 23 (27,71%) dos inquiridos que se encontram na situação de gestão de terraços moderada. 21 (25,30%) dos inquiridos estão também na gestão de terraços muito pequenos. 9 (10,84%) dos inquiridos estão na gestão de socalcos elevados. Apenas 4 (4,82%) dos inquiridos responderam que estão a aplicar uma gestão de socalcos muito elevada.

Isto revela que a maior percentagem de inquiridos está a aplicar práticas de gestão de socalcos muito baixas; isto também significa que nem todos os agricultores estão a aplicar o mesmo tipo de práticas de socalcos baixas.

Isto mostra que a maior percentagem dos inquiridos não tem conhecimentos sobre a gestão de terraços. Isto também mostrou que a menor gestão trará a maior redução na sua produção.

Escala	Gestão de terraços de solo	Inquiridos	Percentagem	Descrição
1	Com menos de 5 linhas por ha	21	25.30	Gestão muito reduzida
2	Linha 5-10	26	31.33	Pequena gestão
3	Linha 11-15	23	27.71	Gestão moderada
4	Linha 16-20	9	10.84	Alta gestão
5	Linha 21 e superior	4	4.82	Gestão muito elevada
Total		83	100	

Quadro 4: Terraceamento do solo

Produção agrícola

A produção agrícola é representada pela variável independente do estudo, com base na qual será analisada em termos da dimensão da terra e da quantidade de produção da área de estudo.

Tamanho do terreno

O tamanho da terra é apresentado na tabela 5. Com base no resultado apresentado, 22 (26,51%) dos inquiridos responderam que têm uma dimensão moderada da terra; seguidos de 20 (24,10%) que responderam que têm uma dimensão pequena da terra. 19 (22,89%) dos inquiridos responderam que têm um tamanho de terra muito pequeno. 17(20,48%) dos inquiridos responderam que têm terrenos de grandes dimensões. Apenas 5 (6,02%) dos inquiridos têm terrenos muito grandes.

Isto revela que a maior percentagem de inquiridos respondeu que tem uma pequena dimensão de terra. Isto significa que a maioria dos inquiridos não está em condições de produzir muito.

Isto mostra que, uma vez que os membros da comunidade não têm terras de grandes dimensões, não podem prestar atenção à gestão das terras e, por outro lado, uma vez que não estão bem motivados para gerir as terras, não podem ser produtivos.

Escala	Tamanho do terreno	Inquiridos	Percentagem	Descrição
1	Inferior a 0,5 ha	19	22.89	Tamanho muito pequeno
2	.5-.75 ha	20	24.10	Tamanho pequeno
3	.76-1 ha	22	26.51	Tamanho moderado
4	1,1-1,25ha	17	20.48	Tamanho grande
5	1,26 e mais ha	5	6.02	Tamanho muito grande
Total		83	100	

Quadro 5: Dimensão do terreno

Montante da produção

O montante da produção é apresentado na tabela 6. Com base nos resultados apresentados, a maior percentagem de inquiridos respondeu que produzia uma produção moderada, o que corresponde a 33 (39,76%) do total de inquiridos; seguidos de 27 (32,53%) dos inquiridos que responderam que produziam uma produção baixa, que é de 30-45 quintais por hectare. 18 (21,69%) dos inquiridos responderam que a sua produção é muito baixa. 4(4,82%) dos inquiridos responderam que estão a produzir uma produção elevada. Apenas 1 (1,20%) dos inquiridos respondeu que está a produzir uma produção muito elevada.

Isto revela que a maior percentagem dos inquiridos não está a produzir muito a partir da sua produção agrícola. Isto significa que a comunidade da área não se caracteriza por produzir mais a partir das suas próprias terras.

Isto mostrou que, devido à sua menor gestão das terras e à sua reduzida dimensão, a comunidade da área não está em condições de produzir muito a partir das suas terras. Isto também mostrou que o benefício que os inquiridos obtêm da produção agrícola é muito baixo.

Escala	Montante da produção	Inquiridos	Percentagem	Descrição
1	Inferior a 30 quintais por hectare	18	21.69	Produção muito baixa
2	30-45 quintais por hectare	27	32.53	Baixa produção
3	46-60 quintal por hectare	33	39.76	Produção moderada
4	61-75 quintais por hectare	4	4.82	Produção elevada
5	76 e mais quintal por hectare	1	1.20	Produção muito elevada
Total		83	100	

Quadro 6: Montante da produção

Relação entre variáveis independentes e dependentes

A relação entre a conservação do solo e da água e a produção agrícola é a parte principal e básica do estudo. A tabela seguinte apresenta a correlação de Pearson das variáveis:

Variável independente	Variáveis dependentes

	Dimensão do terreno	Montante da produção
Socalcos e gestão da água	.857**	.937**

**. A correlação é significativa ao nível de 0,01 (bicaudal)

A estatística que foi utilizada para correlacionar os dados é a de Pearson. O número positivo no quadro acima (.857** e .937**) mostra que existe uma relação direta entre as variáveis independentes e dependentes (conservação do solo e da água e produção agrícola).

Isto mostra que, à medida que a atividade de terraceamento aumenta, há uma melhor utilização da terra e da produção. Isto significa que uma gestão de socalcos elevada dará aos agricultores a possibilidade de utilizarem eficazmente o tamanho da terra de que dispõem, aumentando assim a sua produção.

Avaliação da hipótese

Com base na análise da relação feita no objetivo três, indica-se que as variáveis independentes e dependentes têm uma relação direta. Por conseguinte, rejeita-se a hipótese de que não existe uma relação entre a conservação do solo e da água e a produção agrícola. Porque existe uma relação direta entre a conservação do solo e da água e a produção agrícola

RESUMO, CONCLUSÃO E RECOMENDAÇÕES

Resumo do estudo

Em resumo, a gestão dos socalcos é apresentada no quadro 4. Com base nos resultados apresentados, 26 (31,33%) dos inquiridos responderam que se encontram numa situação de gestão de terraços de pequena dimensão. Apenas 4 (4,82%) dos inquiridos responderam que estão a aplicar uma gestão de terraços muito elevada. Isto também significa que nem todos os agricultores estão a aplicar o mesmo tipo de práticas de terraceamento baixo.

A dimensão da terra é apresentada no quadro 5. Com base no resultado apresentado, 22 (26,51%) dos inquiridos responderam que têm uma dimensão moderada da terra. Apenas 5 (6,02%) dos inquiridos têm um tamanho de terra muito grande. Isto significa que a maioria dos inquiridos não está em condições de produzir muito.

O montante da produção é apresentado na tabela 6. Com base nos resultados apresentados, a maior percentagem de inquiridos respondeu que produzia uma produção moderada, o que representa 33 (39,76%) do total de inquiridos. Apenas 1 (1,20%) dos inquiridos respondeu que a sua produção é muito elevada. Isto significa que a comunidade da área não se caracteriza por produzir mais a partir das suas próprias terras.

Conclusão do estudo

Em conclusão, o resultado da gestão dos socalcos mostrou que a maior percentagem de inquiridos não tem melhor acesso à gestão dos socalcos. Isto também mostrou que a menor gestão trará a maior redução na sua produção. Isto revela que a maior percentagem de inquiridos está a aplicar práticas de gestão de socalcos muito reduzidas

O resultado do tamanho da terra mostrou que, uma vez que os membros da comunidade não têm grandes dimensões de terra, não podem dar atenção à gestão da terra e, por outro lado, uma vez que não estão bem motivados para gerir a terra, não podem ser produtivos. Isto revela que a maior percentagem de inquiridos respondeu que tem terras pequenas.

O resultado da quantidade de produção mostrou que, devido à sua menor gestão de terras e ao tamanho reduzido das terras, a comunidade da área não está em condições de produzir muito a partir das suas terras. Isto também mostrou que o benefício que os inquiridos obtêm da produção agrícola é muito baixo. Isto revela que a maior percentagem dos inquiridos não está a produzir muito a partir da sua produção agrícola.

Recomendação do estudo

O resultado da conservação do solo e da água em termos de gestão de terraços mostrou que a atividade de terraços não é bem feita na área de estudo. Por conseguinte, os agricultores devem aplicar a técnica de terraceamento para proteger as suas terras agrícolas da erosão.

Os agentes de desenvolvimento devem ajudar os agricultores a gerir o estado dos socalcos, aplicando-os nas suas terras.

Os resultados mostraram que o tamanho da terra que os agricultores estão a utilizar para a produção é pequeno. Por conseguinte, os agricultores devem utilizar eficazmente as terras de que dispõem para aumentar o nível da sua produção.

Os resultados mostraram que o produto da produção agrícola não está em bom estado. Por conseguinte, os agricultores devem melhorar o estado da sua produção através da aplicação de práticas adequadas de conservação do solo e da utilização eficaz das suas terras.

Os agentes de desenvolvimento devem acompanhar cada etapa das actividades no processo de produção e prestar apoio profissional se houver algum problema.

LITERATURA CITADA

Arthur Tuet. (2004) Hubbard, Encyclopedia of Surface and Colloid Science Vol 3, Santa

Barbara, California Science Project, Marcel Dekker, Nova Iorque

Bill Mollison, (1988) Permaculture: A Designer's Manual, Tagari Press,. O aumento da porosidade melhora a infiltração e reduz os efeitos adversos do escoamento superficial

Carroll, Halpin (1997). "O efeito do tipo de cultura, rotação de culturas e prática de lavoura no escoamento e perda de solo em um Vertisol no centro de Queensland". Jornal Australiano de Investigação do Solo

Dan Yaron, (1981) Salinity in Irrigation and Water Resources, Marcel Dekker, Nova Iorque

Huang , Shao (2003). "Eficiência do uso da água e sustentabilidade de diferentes sistemas de rotação de culturas a longo prazo no Planalto de Loess da China". Soil & Tillage Research 72: 95-104.

Kawashima, John (2007) "Numerical modeling of air flow over complex terrain concerning wind erosion", publicação n.º 249 da Associação Internacional de Ciências Hidrológicas

Littleboy, Silburn (1989). "PERFECT. Um modelo de simulação por computador das funções de escoamento da erosão produtiva para avaliar as técnicas de conservação". Departamento de Indústrias Primárias de Queensland. Boletim QB89005.

Loch, Fole (1994). "Medição da desagregação de agregados sob chuva: comparação com testes de estabilidade da água e relações com medições de campo de infiltração". Austrália

Journal of Soil Research 32:

Powell, William (1993). "Uma visão geral dos sistemas agrícolas mistos na África Subsariana".

Pecuária e Ciclo Sustentável de Nutrientes em Sistemas Agrícolas Mistos de Sub-Habitação

Rose Freebairn (2006) "Um modelo matemático dos processos de erosão e deposição do solo com aplicação a dados de campo".

Saharan Moet (2009) África: Actas de uma Conferência Internacional, Centro Internacional de Pecuária para África (ILCA) 2: 21-36.

Vanlauwe, Nwoke (2000) , Utilization of rock phosphate by crops on a representative toposequence in the Northern Guinea savanna zone of Nigeria: response by Mucuna pruriens, Lablab purpureus and maize, Soil Biology & Biochemistry 32:2063-2077.

Watkins, Baki. (2000) Cover crops in sustainable food production,. Food Reviews International

APÊNDICEI

QUESTIONÁRIOS

1.   Indicar a gestão dos terraços, assinalando no espaço previsto

Rendimento inferior a 5 linhas por ha

Linha 5-10

Linha 11-15

Linha 16-20

Linha 21 e superior

2.   Queira indicar, assinalando, a superfície de terreno coberta por uma cultura por ano

Inferior a 0,5 ha

.5-.75 ha

.76-1 ha

1,1-1,25ha

1,26 e mais ha

3.   Indicar, por favor, assinalando a quantidade de produção anual de um hectare

Inferior a 30 quintais por hectare

30-45 quintais por hectare

46-60 quintal por hectare

61-75 quintais por hectare

76 e mais quintal por hectare

APÊNDICE II

Correlations

		SOIL TERACING	LAND SIZE	PRODUCTION AMOUNT
SOIL TERACING	Pearson Correlation	1	.857**	.937**
	Sig. (2-tailed)		.000	.000
	N	83	83	83
LAND SIZE	Pearson Correlation	.857**	1	.808**
	Sig. (2-tailed)	.000		.000
	N	83	83	83
PRODUCTION AMOUNT	Pearson Correlation	.937**	.808**	1
	Sig. (2-tailed)	.000	.000	
	N	83	83	83

**. Correlation is significant at the 0.01 level (2-tailed).

Statistics

		SOIL TERACING	LAND SIZE	PRODUCTION AMOUNT
N	Valid	83	83	83
	Missing	410	410	410
Mean		16.8434	16.7349	16.9398
Median		21.0000	19.0000	18.0000
Mode		21.00[a]	19.00[a]	18.00[a]
Std. Deviation		8.54469	5.99204	12.52738
Variance		73.012	35.904	156.935
Percentiles	100	26.0000	22.0000	33.0000

a. Multiple modes exist. The smallest value is shown

Printed by Books on Demand GmbH, Norderstedt / Germany